文經社

文經社

文經社

文經親子文庫

D10002

怎樣教好3～4歲孩子

教育心理學家 品川不二郎 & 兒童心理學家 品川孝子 合著

目次

第1章 生活習慣，抓住愛模仿的特質教得好

第2章　人際關係，忽好忽壞，忽乖忽皮……31

第3章 思考與創造力，在遊戲和實物間養成

第1章

生活習慣，抓住愛模仿的特質教得好

學習興趣高，技術還不足

小孩在三到四歲時，對自行打理身邊事物的能力進步驚人，所以這是學習另一階段生活習慣的大好時機，作父母的一定要好好把握其中要領。

大人先做示範

這段時期又可稱做「模仿期」，即孩子非常喜歡模仿大人的生活，就算不特意教他，他也會自己有樣學樣並記在腦海裏，因此大人要記住——每天都要做小孩的良好示範。

就算失敗也給他試

這個時期也是叛逆期，特徵是自我意識強、什麼事都要照自己的意思去做，反正就是無論如何自己想要試試看，不怕失敗、硬是要做。如果這次父母看不下去而幫他忙的話，那麼下一次請務必要讓他自己做。

讓他高高興興地做

父母由於太期待所以會責備孩子，但是對三～四歲小孩要求完美是不合理的，各種日常生活習慣只要在上小學之前學會就好了，不要太著急，而且如果讓他因而討厭學這些生活習慣的話，只會更不可收拾。

學習高潮和低潮反覆發生

成長過程一定有高、低潮，突然學得很快的高潮期、或停滯不前的低潮期、或退步的混亂期，都有可能交叉發生，而且每一個人進步的速度不同，不可和別人的孩子或兄弟姊妹比較。

鼓勵最能發揮學習效果

一、二歲時一直無法學會的扣鈕釦終於學會了，父母應一起爲他高興，並獎勵他的進步，千萬不要說「這是應該的，已經四歲了吔」——將會降低小孩的學習意願。

當小孩已經盡力了，不管有沒有達成，若又受到言語的打擊，對往後的許多學習都有負面的影響。

言語溫柔但不要幫忙

看小孩做事，脾氣再怎麼好的父母，也會不耐煩，忍不住一直說「快一點」、「你在做什麼」，上了托兒所之後，更是每天「要遲到了喲」地催促他，有的爸媽會覺得眞是看不下去，於是開始幫他，這樣不僅小孩會討厭，訓練機會也就此溜走，很難有所進步。所以，大人啊，第一步就是要忍耐，請背下來「言語溫柔但不要幫忙」。

和半年前比較進步幅度

三到四歲的小孩幾乎不可能完全打理好自己的事。雖然知道這個道理，但是天下父母心還是會期待，而溜嘴說出「怎麼老是學不會」、「眞的是笨啊」，導致小孩失去信心。

換個角度，常常想到半年前，與現在的情況，兩相比較之下，你會覺得「眞的進步很多了，都會扣鈕子了」而眞心鼓勵他。

責罵是禁忌

學習的中途罵他，會讓小孩困擾，即使他眞的學不好、就算責罵後小孩接受，但還是學不會，對整個狀況沒有實質助益。

家庭氣氛影響學習

家人相處之間若有一些問題，將更不容易教好小孩。例如孩子嫉妒弟弟，要求與小嬰兒一樣的待遇，就很難施行和他年齡相合的教育；或者雙親感情不睦，把小孩納入己方陣營而寵他、放任他，也很難有好的管教。

提供孩子合宜的器物

拜物質文化之賜，所有器具都變得便利，這是大人的想法；對小孩來說，很多器物是很難使用的。以穿衣服爲例，有沒有針對三到四歲小孩可以自行穿脫而設計的衣服呢？隨著小孩的成長腳步，父母必須準備好小孩所需要的東西。

提升運動機能和社會性

運動細胞差的小孩日後做任何事都會拖拖拉拉、沒有效率，社會適應較遲的小孩，因某些場合不知該採取什麼行爲，生活習慣將無法建立。從人生發展長遠計畫來看，小時候各方面均衡發展最好，所以不應只局限於眼前的訓練。

穿衣服，三歲起興致盎然

通常小孩過了兩歲之後會想要脫衣服；到了三歲，開始對穿衣感興趣，**想要自己穿襯衫、褲子、毛衣，可是技術還不熟練**，往往襪子的腳跟穿到腳背，兩隻腳穿到一隻褲管裏去。

三歲半時，襪子、鞋子大致會穿了；四歲的孩子手越來越巧，會扣鈕釦，區分衣服的前後，連長襪、手套都會穿了。

以上只是一些「標準行爲」，每一個小孩是有很大的差異，例如因爲注意其他事物而忽略了穿衣的小孩，也不算少見；而且就算會穿了，要求小孩穿得很快，也是不合情理。

這個階段，雖然小孩已經能穿開前襟的上衣、扣直徑一．五公分以上的鈕釦，分辨前後，卻還是常常不會扣手腕的暗扣或鈕釦、緞帶、蝴蝶結等。

凡事都應依小孩個人的速度慢慢進步，媽媽不要著急、不要發牢騷。

穿衣服是能力總動員

穿衣服是運動機能、技巧、對事物綜合的注意、旺盛的意志、忍耐力等種種的能力動員。其中若手腕的運動機能不好，則一切難辦。所以平常就必須觀察小孩生活的全部，讓他提升各種能力。

切勿過度照顧

一個不想自己動手的小孩，背後多半有一個太過照顧他的大人在控制。大人一定要思考在小孩成長過程中，何時要收手，因爲一見到他笨手笨腳就出手幫助，只會養成依賴心。

順序清楚而固定

「先穿小褲褲、然後穿襯衫，接下來是裙子、毛衣」，把順序說清楚，不必動手幫助他就能教他明確區分，同時漸漸加重小孩自己的責任，讓穿衣這件事成爲他可以自誇的事。

每天穿衣服的次序若沒有固定，會造成混亂，使小孩產生厭惡的情緒。

換衣服總是慢了點

兩歲到六歲的小孩換衣服一定會有「磨磨蹭蹭」、「拖拖拉拉」的問題，原因之一是他中途對換衣服失去興趣，而且父母常常會覺得這是一件小事，缺乏全面性的預測及判斷（例如小孩在天氣很冷的早晨，卻只穿著睡衣就去洗臉），加上當場無法計算時間已經過去多久了（說「再發呆上幼稚園要遲到了喲」、「眞是慢吞吞」等感覺並不明顯）。因此，認爲「我家小孩動作慢」的媽媽占七、八成之多。

越催越慢

小孩無論做任何事都會比較花時間，所以在早晨如果還有時間，就千萬不要「快一點、快一點」催個不停。**被責備而導致不愉快的情緒，絕不會加快速度；母親自己焦慮則是最糟糕的事。**

先告知下一個動作

「換好衣服後要吃飯了喲」、「那個做好之後，幫我叫一下爸爸」等，先告訴孩子下一個行動，這對他的發呆很有改善之效。

另一個方法是，抓緊時間讓他行動，「做好之後給媽媽看喲，媽媽在這裡等著」，看到結果時，「做得好好哦」，稱讚他，拉抬他的自尊心、給他自信。

吃醋是可能原因

有一些小孩因爲嫉妒自己的弟弟妹妹，才故意動作慢。其他事情你都可表現十足的愛心，唯獨穿衣這件事必須要他自己好好穿、不要透過別人的協助。

還可透過讓他幫忙底下的弟妹穿衣服來化解，如溫柔地說「上面的釦子給你扣」，先讓他幫一部分，其他的則由父母來做，再稱讚他「一個人能完成，眞是好棒」。

邁入偏食高峰期

小孩的味覺和其他方面一樣，都是漸漸成長的，因此現在不吃的東西，不見得一輩子都不吃。

大人往往會拿自己的飲食作比較，認爲小孩偏食，疏忽了——接受任何食物需要時間養成的。而且大人在小孩吃飯時常過於神經質。

根據國外學者的研究，在一定期間內，讓小孩選擇自己喜歡吃的食物，會比較接近其需要的完整營養。

從斷奶期到兩歲之間，最好給孩子各式各樣的食品，擴展他的味覺，盡量防止偏食的事情發生。從兩歲到三歲，小孩的自我意識增強，會趨向不吃大人要他吃的東西。過了四歲之後，食慾增大，再度吃各種食物。

勿大驚小怪

小孩偏食的東西多時，大驚小怪是最危險的，特別是「我求你吃下去」的哀求型和「不吃會生病喲」的恐嚇行徑更讓小孩困擾，或使他以自我爲中心，看到全家爲他團團轉，反而很高興。

可是當小孩吃下平常不吃的東西時，你可以表現出興奮的樣子。

利用孩子的好心情

小孩無論做什麼事都要看心情，尤其吃飯這件事，所以雖然是以前說過討厭吃的東西，但只要客人吃，或改變了形狀、味道，他可能就會高高興興吃下去，或在他很快樂的時候，也會在不知不覺中吃掉。

因此讓孩子在餐桌上保持愉快、變換菜色，佯裝不知情地把他不喜歡吃的東西和喜歡吃的東西一起端上桌。

上菜促進食慾、避開壓迫感

小孩肚子很餓時，也可以把他不喜歡吃的食物趕快一塊上桌，然後說「飯後甜點是你愛吃的布丁喲」，先給他希望，同時食物的種類盡可能多樣化，他討厭吃的東西量則少一點，不給孩子壓迫感爲宜。

食慾不好，別逼他吃

有類似煩惱的母親很多，但多半是擔心「未達育兒書籍所寫的標準熱量」、「與附近的小孩比起來體格較差」(這些媽媽多半比較神經質)，因爲「醫師診斷營養不良」的明確原因而擔心的媽媽很少。

小孩的食慾因個人的差異而有變化，不一定要照著育兒書上寫的必要熱量或父母的期望。

在小孩沒食慾時，不要逼他吃，不妨微笑著迅速收好餐桌——請放心，這樣絕不會讓小孩餓死的。

生活規律食慾提升

熬夜、運動量不足、過度興奮、不規律的生活比什麼都會讓小孩喪失食慾。

突然性的食慾不振有可能是和朋友不和、對弟妹吃醋等精神上的刺激，把這些原因解除，孩子便能恢復。

方法錯誤更不吃

「沒有食慾，至少喝牛奶補充營養」，於是讓小孩喝「充足」的牛奶，或「他就只要吃這個」，就給他吃下很甜的點心。這些處理反而是食慾減退的主因。

相反地，也不該「因爲你不吃飯，所以不給你吃點心」地給予處罰。媽媽在原來的點心時間，以不妨礙下次吃飯爲原則，照常給孩子適量的點心。

另外，不要出於好玩給小孩喝啤酒、咖啡、辛香料等食物；假如小孩表示要吃，一定要明確地拒絕他，而且大人也不應該在小孩面前說「啊，好好喝」之類的話。

找出吃不下的原因

小孩通常是有原因才不吃東西，這種情況下怎麼要求他吃也沒用，因此父母應該了解原因、採取適當的處置。

邊吃邊玩，限制時間

小孩過了三歲就可以和家人一起吃飯，但剛開始時，他常常會因新鮮而分心或很興奮全家人都在注意自己。

四歲的時候，對一起吃飯的人、周圍的狀況都已習慣，就會膩了，只要稍微改變或有東西吸引他的興趣，他就會離開餐桌。加上這個年紀好動、多嘴，要他保持安靜是一件苦差事，而且對大人的斥責無所謂，臉皮厚，不管別人怎麼說，就是要按照自己的想法做，自我意識很強。如果抓住他要他吃，雖然直截了當，卻會讓孩子放肆起來，所以還是不要採用這種方法。

到了四歲半，食慾開始旺盛，可以使小孩了解——若他只是玩而不吃，自己會遭到餓肚子的後果。

有限度的等待

叫小孩吃飯的時候，請算好時間（最好在小孩遊戲的段落），不要讓他心有不甘。上了餐桌後若他還是拖拖拉拉、或仍是在玩，只要說他一次即可，「現在是吃飯的時間喲！」

要小孩收心、想吃飯，等待時間以四、五十分鐘爲限，不能再延長。屆時小孩如果仍要玩的話，你就馬上收拾餐桌。

刺激他的表現慾望

「這個碗是新的喲」、「今天的甜點是你最愛吃的」、「看你能吃得多快，爸爸幫你算時間」，以類似的言語稍微給他刺激，孩子會意外的變得很乖（這個時期的特徵之一）。

與其責罵不如教他幫忙

禮節過於嚴格反而會讓小孩有藉口玩，更不要讓孩子一直坐著不動。「媽媽忘了放醬油，幫媽媽拿來」，給他一點有意義的事做，會使小孩很高興。

漏尿，長大就會好轉

忍住小便，卻還是漏出來，是這個時期常有的事，因爲孩子常會被新鮮事所吸引。

總之，這個年紀容易迷上一樣東西，而且沒有餘力注意其他事物。換言之，隨著成長，注意力會轉向生活的事物，漏尿這件事會自然痊癒——這並不是訓練的成果。如果對小孩漏尿太嚴格反應，會讓他心中深植恐懼感，嚴重時會因爲不安或緊張，一直上廁所，變成「頻尿」。

所以，首先千萬不要神經質地嘮嘮叨叨。大人常會因小孩漏尿，就覺得一點點也不能忍受，小孩則是怕頻尿被父母罵，而對於重要的尿尿注意不及。

抓對時機出聲提醒

小孩排尿的次數大致是一定的，可以看出是早上、下午、晚上各幾次。「出門前上個廁所」、「要吃飯了，上個廁所、洗個手」，在小孩活動的段落做個好像不是特意的提醒就夠了，即使小孩磨磨蹭蹭也不要嘮叨。

或用一個音樂盒，作爲吃飯、就寢的信號，在那個時間要求孩子去上廁所比較不會有壓迫感。

尿了馬上換褲子

大人往往認爲，小孩尿了之後馬上指責他，應該會有一點效果。可是這是生理反應，小孩很難控制。還不如隱忍住怒氣，在小孩尿褲子之後，幫他換上乾淨的褲子；或者可能的話，讓他自己更換褲子——培養他「自己的責任自己負擔」。

嚴禁威脅

因爲不希望小孩再尿褲子，就說「不能去幼稚園了」、「會生病喲」、「變成壞習慣，改不過來」、「再也不買東西給你了」，這樣毫無根據的威脅最要不得——漏尿會隨著成長改過來，但是恐懼感卻不會消失。

清潔教育要循循善誘

無論睡覺、吃飯、排泄都伴隨著強烈的生理需求，穿衣服的事很難忘記，因此都比較好教。然而清潔的習慣就不是那麼容易了，幼兒對清潔通常相當沒有自覺。

而且這個年紀相當好動，一整天都在玩，對奇怪的事物非常著迷。正因爲好奇心強烈，即使弄髒了，他也不介意。這個階段會介意骯髒的小孩多半有點神經質，反而才要擔心。

所以父母要知道在這個年齡「骯髒是正常」、「弄髒是健全發展的證據」。可是在母親不知情的情況下，很多小孩子不斷被說「髒」、「又髒了」、「好好洗」，漸漸成爲神經兮兮。

雖說如此，髒當然不是好事，故仍然要教導他清潔的重要性。

「區隔」要明確

不能一看到小孩子的臉就說「又髒了」。

三、四歲的小孩很少能自發性做好飯前洗手、飯後漱口、早晚洗臉刷牙，因此有必要利用小孩洗手或洗臉的機會，給他明確的指示，但不要用命令的語氣，並讓他感受很好地補充說「洗好手要吃點心了哦」，其他的時間不要嘮叨。

讓他容易做好清潔

手搆不到的洗臉台、看不到臉的鏡子等，對小孩來說是很不方便的，所以應先爲他準備一個踏板。

另外，也要教小孩洗的方法或訣竅，不要讓他反覆嘗試錯誤。

確認乾淨的程度

大人總是在小孩洗的時候不斷囉唆，卻忘了在他洗完之後確認是否洗乾淨。「好乾淨，來，照照鏡子」，讓小孩認識到自己乾淨了，是很重要的事。

而且要對小孩說，「和剛剛比起來，你好像是另一個小朋友喲」，指出具體事實，展現你很高興的樣子。

♥♥♥♥♥♥♥♥

帶著寶寶一起整理家務

♥♥♥♥♥♥♥♥

整理家務的教育就和清潔相同，因爲孩子特別沒有意識，所以難以養成；加上一般家庭收拾家務通常是在傍晚，這個時間媽媽家事正繁忙，又餓著肚子，心情難免焦躁不安，也就容易責罵或懲罰孩子，當然影響效果。

四歲的小孩對外頭的活動興趣很大，偏偏有趣的事一件接一件出現，因此沒有時間整理也是實情。過了五歲之後，情況會好轉。

按部就班，固定順序

三歲開始，孩子對簡單的整理會發生興趣，這時媽媽就要做給他看，告訴他重點，每天有一定的順序，而且邊說「書本放在這個架子上，玩具放在這個箱子裏」，邊讓小孩幫忙。

過了四歲之後，漸漸要改成「整理書是你的工作喲」，給他責任感——但是通常做不到一半。

五、六歲開始可以了解規則。到完全可以負起責任則要到小學低年級的階段。這段期間有時候也要「收得好整齊喲」誇獎他。

一起快樂做家事

幼兒能和大人一起快樂做的事很少，整理家務是一個絕佳的機會。所以媽媽一定要設法安排好家事，在傍晚找出充裕的時間，以快樂的心情與孩子一同整理。做完之後，「辛苦了，已經收拾乾淨了，來，我們去吃飯」表現一副樂在其中的樣子，小孩也會認為整理家務是一件高興的事。

一天只做一次

「看，又亂了」、「整理好一個，另一個又亂了」、「要出去就要先收拾好」，**媽媽一直嘮叨，只會讓小孩離家事愈來愈遠。**

一天做一次家事，晚飯前或晚飯後，決定好時間，其他的時段就不要囉唆。如果小孩偷懶完全不做，比責罵更有效果的是「寶寶昨天做得好好哦」，這才會激發他想做的意願。

晚上不睡，調整不難

幼兒的睡眠時間大致需要十一到十二個鐘頭，但若是熟睡的話，則因人而異，所以大人沒有必要神經質。四歲以後，午睡時在床上玩的機會比較多，不一定會眞正睡覺。

即使午覺睡得少，可是睡眠時間大約仍在十一小時左右，量的問題就不需太擔心。不過如果晚上很晚睡，白天非常晚起床，造成家庭生活和幼稚園作息無法協調，則要注意了。

避免大人作息的干擾

若是晚餐時間無法固定的某些商家，可以讓小孩一個人早點吃，然後盡量全家人一起吃早餐。要改變小孩的睡眠時間，只要暫時停止他的午睡就可以辦到。

晚歸、有客人、想看電視，大人的生活發生各種變動情況的話，這個晚上要小孩維持固定的時間上床，是不可能的事。

白天多玩多運動

觀察晚上不睡的小孩的白天生活，發現他通常是被關在家裡，常常運動不足，所以傍晚讓他到戶外盡情地玩一玩、玩到有點疲倦。

另一方面也要稍微控制孩子的情緒，因爲白天的刺激假如太強，興奮可能會持續到夜晚而睡不著。

另外，不要給小孩喝咖啡、紅茶等刺激性的飲料。

從旁提醒他睡覺囉

有的母親會說「快一點、快一點」地催促小孩，這樣不如在就寢時間前二、三十分鐘先溫柔地告知「再過一會兒就是睡覺時間了喔！」。

上床前,不必出聲喊叫,改用音樂盒來通知孩子已經是睡覺時間了——比較沒有壓迫感。在通知他到音樂盒響起的這段時間裏，大人可以開始收拾積木等等，做一些動作讓他進一步意識到。

上床之後，大人不可以走開，在床邊爲他念故事書或說一些話，使孩子在滿足的心情下入睡——這是很重要的事。

晚歸的父親在這時候陪小孩胡鬧、或說媽媽的壞話給小孩聽，對其睡眠絕對是負面影響。

吮東西入睡，帶給孩子滿足

這是在成長期就能改掉的毛病，早則進幼稚園、和小朋友玩耍的時候，慢則在國小二年級左右。國小二年級開始有自我批判的能力，小時候沒發現或不覺得的東西，即使只是一點小毛病，也會努力將之改變。

吮東西對幼兒而言，是很自然的習慣，絕對不是病態。喝母乳的小孩，總是記得嬰兒時期吸媽媽乳房的快感，隱藏著類似鄉愁的感覺；喝牛奶長大的小孩，則是想要彌補吸吮上的不足。

當孩子想要吸吮東西時，不要禁止他，但是請注意以下各點：

不要讓孩子閒著

孩子吮東西的習慣和大人抽菸類似，即不能有空閒，有些小孩睡不著卻早早上床，心中還有想做的事，於是就會吸吮東西。同樣的，白天覺得無聊時，也會開始吸吮東西。

心情滿足嗎？

大人心中暗想「趕快睡，我想輕鬆一下」，小孩會敏感地感受出來，而想撒嬌；如果大人不予理會這些，走出寢室，小孩會覺得寂寞、無聊、傷心，於是會吸吮東西。

所以若希望小孩早一點睡著，就要握住他的小手，輕聲和他說些話。

注意清潔

假如大人覺得他吸吮的東西不乾淨，可以給他柔軟的布偶，或把滑順的領巾綁在脖子上或手腕，一樣會有滿足感，一樣容易吸吮。

白天讓他玩黏土或泥巴，讓他感受到觸摸的樂趣，也是一個方法。

第2章

人際關係，忽好勿壞，忽乖忽皮

社會性開始萌芽

兩歲以前，主要是學習家人間的親子關係。到了三歲，開始和同年齡的小孩接觸、在外遊玩，社會性開始成長。

發展社會性，只靠父母的教育是不夠的，還要借助外人的力量，如別人的小孩，因此很多小孩在進托兒所或幼稚園之初會出現問題。爲了讓他適應多人的集體生活，在這個階段就要啓發社會性。

另一方面，若只依靠別人的力量，在小孩實際上幼稚園時，只會使他又怕又傷心。

小孩的社會性發展是有階段性的。上幼稚園之前，可以在家裡準備的很多。這些如果都能學會，以後不論是上幼稚園或小學，都能適應團體生活。

三到四歲的小孩，社會性要教到什麼程度呢？重點是什麼呢？

首先，「**社會性**」這個詞有各種不同的意義，在此我用對人的抗體與協調性兩個角度來看。

◎對人的抗體

指的是不害怕、不退卻、不緊張、不害羞，能自由地發言、活動的抗體，簡單地說，就是「習慣」朋友的存在，養成之後，托兒所、幼稚園或其他團體生活就會很快樂。

◎對人的協調性

指和朋友相處時候，能夠考慮對方的立場、互相禮讓、遵守團體裡的規則、共同遊戲與工作。

幼兒一般是以自我爲中心，要他們爲對方著想，是非常辛苦的，在與其他小朋友搶鞦韆、被弄哭的衝突經驗中，漸漸知道別人的存在和要求。

三到四歲可說是吵架的時代，透過和朋友的碰撞知道對方，然後認識規則。所以大人所期盼的「好朋友」是不存在的，孩子三人行中一定有人會被排擠。過了這種不成熟的階段之後，就會創造出協調性來。換言之，突然要小孩變成社交高手，是不可能的事。

吵架會過去

美國某一個幼稚園，把三歲的小班分爲兩組，一年內允許一組吵架、另一組不准，到了第二年，有吵架經驗那一組的小朋友已經過了吵架的階段，可以好好地一起玩；但禁止吵架那一組，馬上就進入吵架的狀態。從這個例子知道，三歲左右的小孩眞的不必禁止他吵架。

有點耐心，慢慢來

再次提醒媽媽不要對三、四歲孩子初萌芽的社會性，存有太高的期望。

從初級程度開始，一步一步慢慢來，若要小孩一步登天，不只是小孩容易遭受責罵，也是揠苗助長。因此，作父母的一定要知道小孩的「抗體」到什麼程度、怎樣情況下就會感到壓迫感，而避免他覺得被壓迫。

例如，想讓他進幼稚園，但又擔心小孩太畏縮，那麼不要慌、也不要急，慢慢加強他的「抗體」，先要鼓勵他拿出活力，而且不能生氣，等小孩漸漸成熟。

如果小孩任性，不遵守團體規則，整天都在打架，雖然在「打架」中也能知悉對方的立場，但在當下應該要加強小孩的「協調性」，不要認爲對方是壞小孩。

小孩吵架，大人不出面爲原則

當自己的小孩哭著回家時，作父母的會有「眞可憐、眞窩囊。憎恨那個欺負他的小孩，但如果責備他、又太沒有大人的風範」等複雜的情緒。小孩哭著跑回家，表示他的「人際抗體」尚弱，現在正是訓練的時候，你應平心靜氣下來。

不管是眞的被欺負或只是哭訴被誰打，實際情況都不致太嚴重，通常是自己的小孩碰到一點小事、受到刺激而沒有抵抗力而已。這時假如媽媽一味溫柔地聽他說、安撫他的話，哭泣的壞習慣會永遠改不掉。

人際抗體如果能養成，孩子就不會爲一點小事哭。但這個成長是必須等待的。

哪個對、哪個錯？要從孩子的話中判斷幾乎是不可能。不管哪一個錯，都是因爲兩個人以自我爲中心才會發生衝突，而且剛開始當然沒有惡意。

有一些情形是例外的，就是年齡差距很大及特別殘酷場面的爭吵，這時由於小孩自己也吃到苦頭，就會馬上了解而不再接近對方。

小孩即使被弄哭，還是想出去玩，表示外面對他仍具魅力。

三、四歲的小孩常會因爲一點小事就哭，哭完之後就沒事，不像大人的哭泣那樣悲傷與苦楚，所以不能等同視之。況且小孩吵架這種事，做父母的可能情緒大爲波動，但小孩馬上就好像若無其事、玩他自己的。

總之，這時候要想到小孩的吵架和大人的吵架是不同的，所以古有名訓——小孩吵架，大人不出面。

老是與人爭吵，環境是主因

容易與人吵架的小孩的家庭狀況，通常是爭吵不斷，或是爸爸常打小孩，以致小孩在不知不覺中學習到這種態度，或是媽媽太忙，對小孩很粗暴或打他，這些字眼或態度也會傳染給小孩。

小孩凡事都在模仿大人，所以想要改掉小孩容易和別人吵架的習慣，父母應該先反省自己才對。

進出頻繁的商家（例如便利商店、小吃店）也是危險的，外人總是因對店家客氣而對他的小孩特別禮遇，可能導致小孩任性。

另外，爸爸若是老闆或高級主管，就會有很多人只聽爸爸一個人的命令，小孩也會在潛移默化中學習這種指揮的態度，像爸爸一樣地不聽別人在說什麼。

平常附近一起玩的小孩假如都是比他小、個性溫和，或年紀比他大很多的小朋友一同玩時，總是保護他、讓他爲所欲爲，那麼進入幼稚園之後與年紀相同的小孩相處，就容易起衝突。

所以，盡可能讓他和附近同年的小孩一起玩耍，即使發生衝突也是好的訓練，打架輸了也是一個經驗。

發洩他的精力

小孩只要一打架，大人就會覺得他是壞小孩，而一個勁兒地遏止或大驚小怪，這樣小孩反而不能成爲好小孩。其實如果只是推拉，大人不要責備他。

換句話說，**不要只關注在打架這件事，而忘記孩子好的一面**，例如容易和別人打架的小孩，多半很有活力、機靈、強勢、積極的優點，當他發揮這些優點時，不要忘記稱讚他，並適時讓他玩鞦韆、球等，給他發洩精力的空間。

挑剔朋友，順其自然

小孩子挑剔朋友的確不是一件令人愉快的事，然而父母同時要了解到，三、四歲的小孩對人情世故還不夠了解。

住家附近交情不錯的大人鄰居的小孩自然而然會玩在一起。其中社會性、積極性強的小孩就會覺得只在鄰近結交朋友是不夠的；或者鄰家小孩假如任性或粗暴，不要說是要求小孩和他玩，恐怕連大人都做不到。

五、六歲之後，孩子會開始遵守團體紀律，但**三、四歲的時候，還是有很多「小團體」，希望他們全部感情都很好是困難的，特別是三人行時更難，常常有人會被排擠**。這只要稍微觀察，心眼壞的玩伴很容易看得出來；若無特別的心眼，而且很有趣時，能地位平等地玩、有新鮮感的話，就可以讓小孩和他交往。

這個現象可說是培養小孩和誰都能一起玩的準備期。

有的媽媽會堅持孩子非和附近的小孩玩不行，然而即使是強制，他就是不能達到「和誰都能玩」的良好朋友關係。事實上，大多數媽媽經常會說「那個小孩是壞小孩，不要和他玩」，這種情況都是從大人自己的想法與立場出發，對小孩的社會性發展是負面影響，敬請注意。

小孩社會性順其自然的發展是很重要的，不自然的要求幾乎無法發展得好，而且小孩有時候比大人更能選擇適合自己的玩伴。所以大人爲了社會性教育，勉強自己的小孩和別人交往是不合理的。

不想外出，從固定場所推動

三歲以後，孩子有比較多的機會和其他小孩接觸。

因爲以往的惰性，或覺得和媽媽在一起比較安心，或想撒嬌，或在家中比較能照自己的意思等理由，有時他會不想外出。此外，神經質的小孩、膽小的小孩、身體虛弱的小孩、生病初癒的小孩，或在外曾感受到壓迫感的話，也會討厭外出。

冬天的時候，寒冷的戶外總是不及溫暖的室內，就算再怎麼催促，孩子也不會有外出的意願。

社區是個好開始

馬上開始一點一滴地加強小孩對外界的抗體，例如要他到隔壁傳個話，或者和附近的小孩一起玩，或者常常帶他去廣場、公園之類的固定場所，並稍微停留一下。這樣的工作要有耐心地持續下去。

剛開始小孩會緊張到甚麼事也做不了，但慢慢習慣以後，緊張消除了，不會介意周圍的環境時，媽媽就可以稍微離開一下。

對於太黏媽媽的小孩，在家的時候媽媽最好適度離開小孩，製造他一個人玩的機會。但是如果在戶外就不可貿然而實行（因爲大人突然離開，會帶給小孩恐懼感），應該先在家中練習好。

當孩子尚未養成對外界的抗體時，假如到社區小公園只是一直看著別人在玩或自己一個人玩沙子，不和別人玩，這樣的外出是沒有意義的。

若是帶小孩到沒去過的公園、百貨公司、朋友的家裡，小孩多半不太有抗體。

反覆去同一個場所，讓小孩習慣場所和人是訓練重點所在。

膽怯的孩子可以變大方

畏首畏尾的小孩在領導能力或積極度上都有相當的困難，他可能憧憬完全錯誤的事，擔心小事或無聊的事。

如果把他帶去加入朋友的圈子，還能玩得很愉快的話，就沒有什麼問題，不必要求他突然改變。

從媽媽的角度來看，或許會讓人咬牙切齒，其實反過來看，這類孩子具有用心、愼重、不衝動、注意細節、溫柔等等特質，長處依舊很多。

假如他因此被責罵而失去自信，就算再怎麼鼓勵他，小孩還是覺得自己哪裡不好、好像低人一等似的。

因此，不妨聽聽小孩在外面做的有趣的事，和小孩一同高高興興的活動。在小孩改變習性、成爲領袖之前，先獎勵他在外面玩耍是重要的事。

小孩的朋友若一直都是較爲年長或是同年齡卻比較社會化的小孩，他就可能總是被拉著跑。所以有時讓小孩和對等或比他小的小孩玩，也是一個好方法。

認爲既然小孩畏首畏尾，就讓他和活潑的小孩一起玩，就會變得活潑——眞是大錯特錯。同樣的，進入托兒所和幼稚園也要注意，很多孩子一進入團體就會有壓力，於是安排他和班長之類的人坐在一起，或一定要讓他和別人玩，這不是改善，而是使其漸漸眞正變成畏首畏尾。

這類型的小孩的母親應該互助合作，去彼此的家、一起玩、一起吃飯、一起洗澡，如果可能，還一起睡覺。

如果能送小孩上幼稚園，增強他的安定感，比較容易產生信心及適應環境。不論怎樣畏首畏尾的小孩，在習慣團體生活之後，經常開玩笑、吵架等，就會自然活潑起來。

害羞是因爲陌生

有些父母表示，自己的小孩「在家裡活潑得要命，一到別人家就害羞得連打招呼都不會」。帶小孩出去或客人來家裡時，小孩若能得體的打招呼，會讓媽媽很得意，但如果這不是爲了小孩，而是爲了媽媽的面子，從教育的觀點來看，並不具有意義，因爲能合宜的使用大人的語言，對小孩來說只是像驅使動物學會某種技能，對其社會性沒有實質助益。

媽咪的面子不是最重要

也就是說，要小孩一下子跟上大人社會的習慣，對他的社會性發展並無好處，還不如和同齡的小孩學習一起玩、相處的方法來得重要，而且只要他和這些小朋友相處不會畏畏縮縮就足夠了。

大人還是可以很高興地歡迎客人、拿出拖鞋等，引起小孩接待客人的情緒，就算是害羞的小孩也會對客人閃現有興趣的眼光，假如小孩是因爲自己引起對方的注意和關注而害羞，這種害羞也是一種社會性的開始。

大人在差使小孩做點事的時候，小孩因爲害羞而不會說或做不好，媽媽會覺得：「平常都好好的，爲什麼現在就做不好！」於是氣得牙癢癢的。其實習慣了就不緊張。在不熟的人面前，才三歲的小孩不能發揮原本的實力，也不是很離譜的事。

因此用「不是知道嗎」、「會說吧」等字眼責備他、催促他，都不是好方法，還不如媽媽幫助小部分，或向客人解釋小孩平常是會的，幫他掩飾一番。在幫手出現後，就算是被責備，孩子還是興致高昂。

另外，盡可能以別人心情的變化、行爲的意義做爲話題，培養小孩對人豐富的感受，成爲人際關係、禮節的基礎。

♥♥♥♥♥♥♥♥

好出風頭，透過導引發展優點

♥♥♥♥♥♥♥♥

「好出風頭」，從比較壞的角度去看，的確「厚臉皮，忘了自己，女生不像女生」。不過四歲的小孩也沒有必要要求她像女生。事實上，好出風頭的小孩常常以自我爲中心、自我主張和獨占慾強、過度積極、不爲他人著想、競爭心強、沒有協調性、少年老成、突出自己、任性等。

可是從好的方面來看，也有社交強、抵抗力好、大膽、智能高、會說話、常識豐富、機靈、會玩、好助人、親切、領導能力強、做事有要領、有體力、意志強烈、有決斷力等優點。

父母常常只會想好的一面，忘記不喜歡的那一面，但是事實並不會如他們所想的那樣。幸好不用太擔心，將來他仍可能是一個有出息的小孩，但是一定要教導他不被人討厭。

幫助他發揮服務精神

這種類型的小孩或許會覺得一起玩的對象沒有意思，所以有時可讓他和年齡比他長的小朋友一同玩耍。

也給他對別人服務的機會、讓他照顧小動物，使小孩子的精力往好的方向發洩。

這樣的小孩比較具有「大哥」心態，另一個對策就是請幼稚園老師要求他做一些幫忙或服務性的工作。

媽靜靜地唸書給他聽，邀請他進入童話世界，或是學習音樂、繪畫、芭蕾、舞蹈等才藝也不壞。

總而言之，就是要依小孩的喜好、期望，將他過剩的精力、高能力導向好的方面。

喜歡串門子，正常的社交

小孩過了三歲以後，生活範圍擴大、想獨立了，開始一個人往附近探訪。最初是住家社區走走，和別人講話，一旦與別人都熟悉之後，就會覺得好玩得不得了。

但是小孩到自己家以外的地方，和附近的婆婆講話，即使能夠得到鄰居的疼愛，還是件令人有點掛心的事。可是這是小孩「出社會」的第一步，你應爲孩子心智正在健全發展而喜悅。**如果小孩都不出去，一直在媽媽身邊繞，才要煩惱呢！**而且不久之後，孩子注意力就會轉移到別的事物上，因此不必多慮。

大多數父母會擔心的是小孩到平常沒來往的家裡去。所以，爲因應小孩的社會性發展，大人也要認眞地和左鄰右舍打交道。

父母也要積極與社區來往

父母也要與小孩常去的家庭積極交往，事先約定好不要給小孩太多點心、玩具。這是爲了孩子教養的必要措施，不要不好意思。

假如對方的家庭也有同齡的小孩，那更是交朋友的好機會。孩子一開始先看大人、家具，習慣了之後就會膩，然後把興趣轉移到小朋友身上。

如此一來，小孩就能一步步累積經驗，發展社會性。因此，請父母不要壓抑了小孩正常的發展。

人來瘋，惟恐遇壞人

小孩人來瘋是他對感情、信賴、人際抗體發達的證據，可以說是人際關係擴大，並往好的方向發展。這也是展現小孩和媽媽的感情、或是親子關係穩固與否的重要時刻。

有時候就是因爲家裡太嚴厲，或家中只有弟弟妹妹受到疼愛，於是想要和外人撒嬌。如果孩子不單是向大人撒嬌，也能與小朋友玩，並受人喜歡，那就不必擔心。

在感情不足的情況下發生的人來瘋，與其說是人來瘋，倒不如說是黏人，爆發其情感的陰暗面，比較不討人喜歡。

有這種行爲的小孩，父母掛慮的是太人來瘋，萬一被拐誘就會很危險。「看到人就懷疑是壞人」，把「對人的不信任」深植孩子心中的預防措施，根本上是個錯誤。

覺得小孩可愛是人之常情，疼愛小孩的人也很多，所以不准小孩和別人講話，實在有違人類的正常心理。

所謂教育，最好教他具體的方法，例如：要吃點心就吃家裡的，外面的人給的東西不要拿，別人要帶你去別的地方不要去，要出門一定要與媽媽一起同行等等的常識，**並常常確認孩子是否記得**。另外，假如有人經常和孩子講話、玩耍，也要他告訴媽媽。

也可以讓小孩多了解鄰居。平常就先和他說相關的話題，例如隔壁的伯伯旅行帶了土產回來、剛才在市場遇到對門的阿姨等等，使他了解熟人和不認識的人的不同。

說錯話，不是孩子的錯

有些母親會發牢騷，說自己的小孩會對久病不起的友人談死、對客人講「你什麼時候才要回去」。

四歲的小孩語言能力已經很強、也懂事了，想說的事馬上就能說出來，若不巧正好在千鈞一髮的時候說出來，大人會覺得心都冷了一半。不過這個年齡層的小孩只是會說話，並沒有實際的應對經驗，也就不知道說出來的話對對方有何影響；再者，小孩知道的事或想的事，就他自己狹小的思考範圍內雖然覺得合情合理，但在某些特定的場合或從整體來看，往往會令人想入非非。

病人和死是觀念上連結的想法，可是小孩還無法思考到——在為疾病所苦的人面前，是不能說那些話的；或如他常問剛進門的客人什麼時候回家，其實完全沒有討厭對方的意思，只是強烈地關心客人，不希望他回去而已。

因此，三、四歲的小孩的言詞從大人的社會習慣、道德基準來看，往往是沒有常識、沒有道理的，但只要小孩的理解力、智力隨著經驗成長，就會慢慢不再說錯話。

先好好聽孩子說

雖說如此，此時不能置之不理，你需要好好聽他說，再溫柔地說明，例如「奶奶死了之後，大家很傷心，你不想要奶奶死吧，所以『人要死』的話是不能對生病的人講的。」

四歲的小孩很喜歡靜靜聆聽別人說話，這正是教導的好機會。另外，抓住孩子不希望客人回去的情緒，「如果不希望客人回去，就不要問他什麼時候回去的話」等，讓小孩在一旁安靜聽著。

糾正任性的討厭鬼

年幼的小孩常常很任性、以自我爲中心來要求別人，但是假如在家中有壓制他的機會，將會慢慢改掉，特別是有其他兄弟姊妹時，某些事情則非讓不可——這些都是一個個學習的機會；若是獨生子，對他的要求父母又總是輸的話，任性可能很難改過來。

任性是平常一再得逞的後果

不論如何，小孩平常的要求如果都如他所願的話，小孩就會以爲是理所當然，跟著他也會對朋友這樣做，然後變成討厭鬼。

平常，對於任性的要求，一定要讓小孩忍耐，並漸漸養成習慣。可是不宜突然要小孩忍下來，這會造成他的混亂。

在養成的過程中，假如孩子感受到情況的不同，反而會更強烈的要求，例如父母軟弱、父母或祖父母之間意見相左，他便會趁機要脅或發脾氣，以「不去幼稚園了」、「不吃飯了」等來挑戰權威。這時雖然沒有必要裝出可怕的臉孔來，但絕對要有耐性、不能認輸。這場戰爭如果父母贏了，也有益於往後小孩和朋友相處。

不要干涉孩子的遊戲

小孩之間的遊戲，彼此永遠是平等的，凡事非要自己處理不可。孩子與朋友玩的時候，大人要避免加入或插嘴。因爲當小孩被朋友討厭的時候，媽媽如果去道歉，或拜託讓小孩玩，或準備點心等來處理場面的話，他就失去思考爲什麼會被討厭的機會。

假如是父母拜託小朋友來，自己的小孩也就難以獨立；而且老是邀小朋友到家裡玩，小孩會覺得有家和父母當靠山，更容易任性起來。

♥♥♥♥♥♥♥♥

調皮搗蛋，當場就教

♥♥♥♥♥♥♥♥

小孩在玩的時候，常常連續說「不行」、「不可以」，其實他也不知道到底是什麼不可以或不行，但卻會像知道了一樣似的點點頭，繼續和小朋友玩耍。

聽在媽媽的耳朵裏，或許會像是壞心眼。對小孩而言，與其說是壞心眼，不如說是把常被媽媽嘮叨不可以的事傳達給朋友而已。

所以，大致上是一些媽媽說不可以的事，或是與之類似的事，或會被罵的事、非注意不可的事，一半向自己、一半向朋友警告，雖然他不見得明瞭。由於不是很重要的事，小孩本身也不清楚，若事後不斷追問，只會讓小孩覺得很奇怪。

事後追究，孩子忘記，效果有限

事實上，一看到孩子眞正使出壞心眼，應該要觀察實況、適切注意，必要時當場就教，事後再追究，效果有限。

三歲的小孩大多不能記住不具體的事，若只是一些字眼更難記起來；四歲以後，比較能記得語言的傳達。但道德問題還是在實際的場合具體地教導，最有效果。

例如擦掉朋友在地上畫的圖、與比自己年齡小的小孩玩時欺負他，這時要馬上制止，並告訴他爲什麼不行。相反地，如果看到小孩借玩具給其他的小朋友、或對其他小孩很親切，不要只是暗自高興，應開口告訴他這是好事，加以稱讚他，小孩才會學到何謂善惡。

欺侮弱小，當然禁止

有的父母很意外地說：「平常有教他什麼是好事、什麼是壞事，也對他很嚴格，竟然還會欺負其他的小孩。」**嚴格有時正是孩子欺負弱小的原因。**小孩大一點之後，經常被處罰是會厭煩的，而且三、四歲的小孩會把在家裡被嚴格對待、不能反抗的情緒，轉移到欺負弱小。

這個時期的小孩，親子間溫暖的關係比什麼都重要，這樣的關係也會轉移到與其他人的相處上。所以，嚴厲的家庭教育，倒不如柔和、溫暖的氣氛。

另外，將活潑的小孩關在家中，是沒有效果的，想一個能好好抒發他的精力的方法才正確。

再生氣也不准打人

有時候小孩子會以捏洋娃娃或欺負畫在圖上小朋友的畫像來補償，以發洩心中的憤怒、憎恨、嫉妒。這個方式只允許確定這個小孩有特別不滿、嫉妒才可以做，加上言語發洩也可以，但禁止對家人做出粗暴的行爲，普通的情況則不宜。

別忘了孩子的優點

四歲小孩的情緒是很矛盾的，屬於不平衡的年紀，大人正在想他是不是在欺負弱小時，一眨眼他又變成溫柔的哥哥在照顧小弟弟，或者剛剛大吵大鬧，馬上安靜下來觀察院子裡的毛毛蟲，總之就是變化多端。

小孩假如欺負弱小，當然要禁止，但也不能因此給小孩貼上標籤，因爲所謂的壞小孩都是漸漸被變成眞正的壞小孩。

♥♥♥♥♥♥♥♥

哥哥欺負妹妹，先別罵

♥♥♥♥♥♥♥♥

三歲的小哥哥經常搶妹妹的東西，大人對他說「你是哥哥，要讓妹妹啊」，一點效果也沒有。因爲這樣的小孩還不算是不懂事，**而且歲數接近的兄弟姊妹間是怎麼也不會禮讓的**。三歲的小孩還沒有做哥哥的意識，即使老是被這樣說還是不懂、還是認爲搶妹妹玩具這種事情是理所當然。因此，做父母的要覺悟其會一直發生。

從大人的角度來看，往往覺得弟弟妹妹比較可憐，或是哥哥太暴力相向、哥哥貪得無厭等等。事實上，這些只是孩子毫無遮掩的興趣和占有慾的表現，他們並不會憎恨對方。

如果大人強烈責備、壓制哥哥，保護妹妹的話，哥哥會產生吃醋或憎恨的情緒。**最好是以冷靜的態度幫助小孩轉換心情，把搶奪當作一種社會性的**訓練，例如帶他出去散步，或是讓他玩較少接觸的遊戲，改變一下氣氛；在情緒穩定之後，再教他們「這是哥哥的、那是妹妹的」的所有權觀念。

不懂事的小孩不論被說過幾次，在搶奪的當兒就算聽到「這不是哥哥的喲」，也沒有理解的情緒，再怎麼講、再怎麼罵都沒有用的，重要的是挑一個小孩聽得進去的時間。大人也一樣，在興奮的當頭，什麼都聽不進去。

心平氣和才說教

小孩冷靜下來，就是好時機，你先告訴他說這不是一件壞事——在稱讚他的同時，教他所有的事情是一個好方法；看到不對的事就又罵又罰，什麼效果也別期待。

在打小孩方面，三歲的小孩就算之前不懂事地胡鬧，一旦他情緒平穩了，大人的話聽得下去，態度沒有不好，就不要打他。嚴厲的處罰不僅會使孩子產生對父母的不信任，也會引發吃醋，反而製造混亂。

第3章

思考與創造力，在遊戲和實物間養成

三歲是急速啓動期

學會怎樣對自己最好，就人生基礎而言，是一件重要的事，這並不是父母的思考，而是要讓孩子去思考，當然對這個年紀小孩要有所引導，可是不能有過度的期待和焦急。

幼兒期偏向具體行動思考力

所謂思考力，分爲具體行動的思考和抽象語言的思考，在幼兒期大致上都是具體行動的思考較佳，從事這方面的訓練比較有效果。

具體行動的思考，就是透過具體事物運用思考，也伴隨著行動，小孩從三歲左右開始發揮。例如用手搆不到放在架子上的東西時，會想到以椅子、箱子；如果是想拿衣櫥上方的物品，則會想到拉出抽屜當作梯子。

但同樣是具體的東西，若要他排列事物的順序或法則，對三歲的小孩是強人所難，就算到了四歲都還未必會。如果要小孩回答臉上少了什麼之類的問題，三歲的小孩一半都會，四歲的小孩大部分都會。

依問題的性質而異，具體思考力的發展在三、四歲有相當大的差異。**三到五歲間具體的思考力急速發展，所以累積具體事物的經驗是意義深遠的事。**

在抽象語言思考方面，語言是媒介，因爲語言能力不成熟，抽象思考力發展得相當慢，於是說話的能力在四歲以前成長很慢。

幼兒的思考常常以自我爲中心，主觀性強，自己可以作的事別人不可以插手，而且很片段的、欠缺綜合力，事物的關係不明、短暫的。**因此小孩發問時，不一定要用大人的理論回答，**如問「爸爸爲什麼每天都要去公司？」，只要答說「因爲大家每天都到公司」這樣的程度就可以了。

平常在教小孩語言的時候，不需太難、太合乎科學，簡單扼要就好。

所以，讓小孩在每天的生活中累積經驗，了解事物的狀態、因果關係，或和朋友玩，與別人對立、衝突，學會從別人的角度思考問題的客觀性，就是自然又有效的思考養成法。

提升創造力，先不要在意畫得好不好

小孩子的創造力主要是透過繪畫、黏土、紙、積木等遊戲培養。

然而小孩都有自己對事物的看法、想法，及受限於手的靈巧度，他最好的結果若給大人看，大人往往不知道他在做什麼。例如畫一個人，腳用直線條，頭、臉、眼睛用圓形表示，這是他以自己的想法、心情或體驗畫自己想畫的，是非寫實的概念畫，大人可能看不出來。

在這種時刻，習慣只從結果來判定的大人常會傷了小孩的心，扼殺小孩的創作慾，壓制他生氣蓬勃的心。

小孩到了三歲，會開始有個目標想要畫畫或做黏土，這時候大人不要看到成品就批評，先了解他的意圖，多給他鼓勵。即使黏土的形狀是很簡單、只有很容易的拉長或捏小，仍要尊重小孩的情緒，絕對不能責備他。

四歲之後，手比較靈巧，已經可以看出作品的樣子，孩子想畫什麼、想做什麼會很清楚，黏土也不會只有長條形和圓形。

總之，繪畫時，造形、組合、構成的活動逐漸在心中呈現，從這一點來說，是很有價值的，也和將來的創造性相關，父母應該認可他表現的心情並鼓勵他——這才是指導的重點，而不要在意他畫得好或不好。

大人常常會把結果當成問題，事實上朝產生結果的根源去想，就能看到小孩思考和創造的心，比較正確而重要。

老想碰大人用的東西

聽說四歲半的小孩會對自己的玩具沒興趣，對大人使用的東西興致盎然。與其說是對玩具沒有興趣，其實是小孩的興趣愈來愈廣，加上家中電氣用品愈來愈多，大人所使用的東西又會動、會響，當然吸引小孩——從小孩子的眼光來看，會覺得那些是大人的玩具，所以很羨慕爸爸媽媽每天使用。

再者，這個年紀的另一特質是想要試著做大人做的事。因此，例如積極教他什麼是吸塵器，或讓他試著幫忙，讓小孩看到吸灰塵的狀況、知道機器的使用目的，也是思考訓練的一種。

小孩也關心機器的性能，大人應將知道的作用說明給孩子聽，「大的、重的吸不起來，小的、輕的才吸得起來」。

若要對三、四歲的小孩詳細解釋機器的構造與功能，就沒有必要了。這個年齡的思考力還不能脫離機器本身，所以綜合性地讓他理解機器是什麼目的、怎麼使用及生活中能看見的造形即已足夠。

爲了使小孩對吸塵器有綜合性的了解，還可以教導他抹布、拖把、掃帚等其他相關的物品。但是如果讓小孩自己使用吸塵器，就像給他玩具一樣，可能會拿去吸庭院的泥土。

大人的用品，特別是電器，並不是玩具，而且有教育意義，請不要只是責備（對孩子的成長是壞事），要利用這個機會積極培養思考力。

爸爸的相機、打火機，與其怕弄壞而禁止使用，倒不如用一次給他看，並明確告訴他「這要長大才能用」。

開口閉口就問「爲什麼」

兩歲左右是「什麼年代」，任何東西都要知道名字；三歲之後，已經認識很多東西；到了四歲，就開始想知道原因及理由，進入「爲什麼」的時期。

因此一直不停的發問是四歲小孩的正常發展過程，大人應該覺得喜悅。爲了提升小孩的思考力，請不要覺得厭煩，好好地回答他。

可是一個接一個爲什麼、爲什麼地問，常常會問到回答不出來，這時候可以說「這個媽媽也不知道」。

此外，你說明的內容可能經常流於大人形式的思考，其實只要針對小孩所發問的，給他一個他能夠接受的答案，他就滿足了。因爲孩子並不是要求大人式的合理、科學的說明，雖然說謊、錯誤不好，但只要是讓小孩有點了解的答案都可以。

從問題中交談

例如小孩問「爲什麼下雨?」，如果你從氣象學來解說，未免太辛苦了，若再問下「爲什麼水那麼多?」，更是無法回答。

換成「因爲一下雨，池子裏的金魚和菜田裡的菜都很高興」，這樣程度的回答就可以了;魚要在水中游泳、菜沒有水會枯等等「就像你渴了會想喝水一樣」，和生理需求結合，自然展開各種話題。**即是以小孩的程度來想事情，**「爲什麼大象的鼻子那麼長?」「因爲大象媽媽的鼻子也很長」。

總之，四歲小孩的問題與答案，和大人的不同，有時只是小孩想說話的情緒，並不必一針見血的說明透徹，而是以這爲引子，開始聊天。所以，大人還是要有耐心地回答。

撿破爛，發展思考力

撿破爛是孩子以後長年持續的行爲，現在只是開始。收集並不需要有什麼理由，收集本身就是目的，而且是快樂的，所以不是有價值才收集，撿破爛就因爲收集的是破爛。

不是莫名其妙地撿拾

收集之前，小孩首先會注意那件東西，然後想擁有它眞好。因此不是懵懵懂懂看到，而是花了心思觀察，從各種東西中選出它。換言之，這時候小孩的心理活動是旺盛的。

小孩在收集東西的過程中，必須經過觀察、選擇、了解特徵、比較，奠定思考力的基礎。所以，小孩子的思考要透過手可碰、眼可看、可記憶的東西才能進行的，和大人不同——孩子無法透過語言就記在心中、讓思考進步。

撿破爛也是把相同的東西整理與分類，例如廣告傳單、石頭先放在一旁，落葉也要分種類與形狀，這種分類的工作就是自然觀察的根本，亦是思考的基礎，在區分什麼相同、什麼不同之間，提升思考力。

分類、比較、區別功用和重量的能力，經由撿破爛而養成，大人不可只見到撿拾的東西就認爲無用、凌亂，或責罵小孩。

和小孩談他的收集

和小孩談談在哪裡發現的，特別是怎麼做成這樣的、在哪裡做的、還要做成什麼、有什麼用途等等，對小孩的思考力會有幫助，而且要用小孩能了解的程度說明它的性質、功用、製造過程，如玻璃珠等的東西。

♥♥♥♥♥♥♥♥

玩沙子，可塑性無限大

♥♥♥♥♥♥♥♥

小孩非常喜歡沙子，因此無論在遊戲場、幼稚園都有沙地，而且玩沙子對他們來說，是一種很好的遊戲。

如果不能玩沙子的話，水、黏土、積木、繩子等各種可以提升創造力的遊戲，若能使孩子樂在其中，都是好的。**總之要給小孩各種遊戲機會。**

沙子觸感好、可以做成各種形狀，也適宜和其他玩具組合一起玩，自由度是其他遊戲所不能比擬的，而且量又多、又比較沒有危險性、可和其他小朋友同樂，是幼兒相當好的材料。

正因爲沙子可以任意做成各種形狀，比其他只能做成固定樣子的素材，更能刺激小孩的創造力於數倍。其實不只沙子，凡是可以自由製造、破壞、變形的材料，對提升小孩的創造力都有良好的幫助。

大人通常覺得玩沙子會弄髒衣服和手，很不乾淨，於是看輕其可以培養小孩創造力的目的。從小孩子的教育觀點來看，這是不對的。

大都市裏可以翻、可以滾的地方愈來愈少，這種被父母誤認為骯髒、野蠻、鄉下的玩具，不符合城市感覺，所以人工的玩具開始普遍。但是只要好好思考什麼會提升小孩的創造力，就能明白這些能夠又翻又滾的玩意，對三、四歲小孩才有文化和啓發的意義。

引導孩子喜歡畫圖

這個年齡小孩的繪畫不必注意色彩、形狀的美麗，因此在畫得好不好的問題之外，主要是問他「在畫什麼?」，如果說畫的是水果，就稱讚「看起來好好吃」，如果說畫的是娃娃，就讚美「好可愛的娃娃」。

總之，**畫畫本身的意願比畫什麼東西重要**，形狀在小孩手指及手腕的發育比較成熟之後，自會轉好，沒有必要著急。

透過繪畫提高小孩的表現意願是第一要務。經由畫畫、唱歌、跳舞的表現，小孩子得到滿足，並從其中提升自己的心靈。

這個時期媽媽的鼓勵是很需要的。假如大人看到小孩的畫，吝於稱讚或加以批評，就會傷害小孩虛構或表現的意願，發展自我的機會便流失了。

小孩子也愛拇指畫

除了蠟筆，拇指畫也是很好的方式。這種拇指畫就是在顏料上加漿糊，用手指塗抹，在大張紙上自由地滑動，很適合手腕及手指還不靈活的幼兒。由於更可以自由地畫他想畫的，加上流動性又高，很能夠提升小孩的想像力及創造力。

心思因歡喜而活躍

在小孩喜歡的經驗、活動裏，由於樂在其中，心靈的活動也很旺盛，畫畫的時候更是如此。所以，**與其催促小孩畫畫、或要他畫什麼，倒不如讓他喜歡這個遊戲，**而且沒有必要教小孩怎麼畫。若大人有畫畫或看畫冊的習慣，對小孩是良好的刺激。

會數數兒卻不懂數字

數字是小孩思考力的一個階段性發展，透過數字的指導可以提升思考力，可是小孩對數字的觀念和大人不同，教導時要特別注意。

在判斷多少時，大人會數數看。小孩則比較會從整體的數量來判斷，所以在判斷盤子的糖果數量的時候，若他還不會分別數字，是用一堆來判斷的。**大致上從三歲半開始發展數字；到了四歲左右就能用手指一根一根數到十了。**

四歲時，要他跟著大人數數兒，只要是十以下，一般都可以，但是從數字較小的開始，像遊戲一般地數比較會。**數數兒和認識數字是不一樣的，即可能都會數，但不見得知道數字的意義。**

用實物教學

例如給他點心時，要他先數數看有幾個，或把家裡的人數、碗的數目，試著依序數數看。洗澡中玩數數兒對四歲的小孩也是一個適當的指導。

數點心「一、二、三、四」，再問他「那全部有幾個？」常常會答不出來。數數兒和有數字觀念是兩回事，不能急著要教他數字。

這個年齡的幼兒離開具體實物、學會抽象數字的能力很薄弱，因爲他們不會用、沒有一般數字的觀念，例如爺爺問四歲的孫子「爺爺的手指有幾隻？」，孫子回答「我不知道，我只會數自己的手指」，孩子多半只知道自己的手指，對爺爺的手指就無法理解，這也是這個年紀不要急著要教數字的原因之一。

測驗題有效嗎？

最近日本流行爲了小孩入幼稚園的準備教育，買練習卡、測驗題給小孩練習。

像測驗題這種反覆練習的訓練並不一定會提升小孩的思考力與智力；相反地，要小孩硬記陳年老套、刻板的答案，反而可能損害思考力。如果小孩自己有興趣，能高高興興地做題目，就沒關係；但如果小孩根本沒有興趣，又要他做超出能力範圍的題目，就要避免了。

常常在雜誌上出現的測驗問題，有時候倒可以拿來玩一玩，試試小孩的觀察力、思考力，估計出小孩大致的能力，以補生活中的不足。若是這種輕鬆的模式就無所謂。

累積生活經驗勝過得高分

三、四歲的小孩與其給他做測驗題，不如在實際生活中給他具體的機會，讓他累積對事物的看法與想法，對提升思考力更有幫助。小孩的思考要實際且具體，對紙上的思考很不拿手。只限於機械性的問題，他們多半無法親近，所以經常答錯。

測驗題的確可以發現孩子不足的地方，但仍舊比不上在生活中透過各種觀察、體驗，整體理解事物的功能、性質。

例如，給他看只有四隻手指的畫，問「少了什麼？」，還不如玩手指遊戲，「大拇指是哪一隻？」或「握住東西時，手會變成怎麼樣？」累積綜合性經驗，對思考比較有益，而且可以運用。只是教「手指不是四隻，五隻才對」抽象的概念，理解將只限於手指，無法全盤了解，不能養成理解和推理的能力。

第4章

語言發展，從口齒不清到伶牙俐嘴

語言發育分階段

語言能力成長最快的時候，就在三、四歲，特別是四歲可以稱之爲「多話」的時期。

小孩子語言發展的過程可以分爲五個階段：

*第一期　耳朵與聲音互相協調，聽見了就能反應的時期。
*第二期　會使用語言做要求，如「肚子餓了，我要吃東西」。
*第三期　學會以衆人共通的信號作爲語言，並經常模仿別人。
*第四期　開始了解語言的體系，非常愛發問。
*第五期　學會語言的規則，可以構成文章的形式。

第一、二期是只能針對信號反應，事實上猩猩或狗就可以做到；進入第三期、第四期才是人類特有文化的反應，然後再到達將語言分爲語彙、文章長度、文章構造、發音階段等。

◎語彙

根據學者的調查，日本幼兒語彙的總數是二歲二九五字，三歲八八六字，四歲一、六七五字，五歲二、〇五〇字，六歲二、二八九字。可見三到四歲成長非常顯著。

◎文章長度

在日本一篇文章中所使用的語彙依年齡別，一歲平均一・三七個，二歲二・八一個，三歲四・四三個，四歲四・五一個，五歲五・〇一個，六歲四・六三個。兩歲到三歲之間急速地成長，但到三歲似乎就到了頂點。

◎文章構造

文章量的成長可以從長度得知，但質的成長卻要從構造中來看，例如「今天很冷，所以穿毛衣」，在主詞和受詞間加入助詞「因爲」，這是文章發展到最後階段才學會的，兩歲的小孩幾乎還不會使用，三歲的孩子七三％會用。

◎發音

在三十分鐘的談話中，小孩發音幾乎正確的平均比率，兩歲是〇％，三歲是二七・五八％，四歲是五〇％，五歲是九五・五八％。所以四到五歲是發音發展到正確的階段，三到四歲是非常重要的轉變時期。

大人做好示範

根據學者的實證研究指出，家庭的文化、社經程度較高者，小孩語言能力發展較快，除了因爲文化刺激較佳之外，另一個原因是大人比較有時間和小孩相處。相反地，小孩若只和大人相處，只學會大人式的語言，不理解小孩世界的話，這樣他和其他小朋友交往將會發生困難。對小孩來說，同年齡同伴的刺激也是必要的，只以大人的標準並非好事。

禁止小孩使用髒話，倒不如大人平常就使用正確、優美的語言，持續給小孩好的刺激，特別是在晚餐後，親子間悠閒的交談、閱讀，對語言能力的發展很有幫助。

扮演一個好的傾聽者

因爲小孩全心全意在聽大人說話，所以他也希望大人用相同的態度來回應，也就是說，當小孩說話時，大人樂於傾聽，並誠意地回答，給他說話的滿足感，是很重要的事。因此就算很忙，也要很有耐心地聽他說完，關心話中的內容，或即使他話裏有不合理的地方，也不要馬上批評——注意說話之外的感情波動，並表示心有同感。

留心語言障礙的可能問題

現在語言障礙的治療已經非常進步，就算很嚴重，只要早期治療還是很有效果。由於大多數的小孩毫不費力地學會語言，所以大部分父母對語言障礙不關心，也缺乏知識。

請注意，本書所談的都是平常常見的語言問題，若是語言發展異常的話，特別是腦性麻痺、唇顎裂、重聽等所引發的語言障礙，一定要有專家的診斷與指導，自己隨意的處理是危險的。

語言發展雖然有個人差異，但一般很早就開始，故和同年齡的小孩相比，速度太慢或覺得有異常時，父母要盡早請教專家。

不再與孩子說「嬰兒用語」

嬰兒或幼稚的用語可概分成三種：

(1)「汪、汪」、「吧、吧」等嬰兒特別的語言。

(2)發音不清楚，如把「新聞」說成「親聞」。

(3)只會一、兩個單字（就像中文較差的外國人），不會使用助詞，只能排列單字。

雖說有三種，但事實上常常是混合的。

這種嬰兒用語是小孩剛開始學講話時的普遍現象。一、兩歲的時候，不能斷定他是語言能力發展太慢；就算到了三歲，仍還不能期待或要求小孩有正確的發音。但如果是嬰兒特別的用語，如「腳腳」、「吃吃」，年齡稍長之後，就非改不可。

不要再把他當嬰兒對待

周圍的大人若老是把小孩當嬰兒看待，孩子自然而然就會眞的像嬰兒一樣，語言能力無法成長，所以這不僅只是語言的練習，而是生活上必要的轉換及與年齡相應的對待。當大人因覺得說嬰兒語彙很可愛，而以嬰兒用語和孩子說話的時候（特別是爺爺奶奶），父母要請他們停止。

小孩說了嬰兒用語之後，大人又笑又說「好可愛」，或把這件事當作話題，孩子一旦得到注意就會很高興，將不停使用嬰兒的用語，尤其是嫉妒年幼的弟妹、想要獨占媽媽的愛時，更會以嬰兒的用語撒嬌。

無論如何，用正確的語言交談吧！

智能發育慢，語言發展快不來

小孩發育較慢時，特別是智力方面，就不能停止嬰兒的用語。這時候除了等待，別無他法，一味急著要他發展語言能力，是沒有用的；假如發育遲緩的狀態能得到改善，語言能力自然會急速進步。

這個階段發音不清楚

發音能力的發展，個人差異很大，通常到了五歲才會有清楚的發音，但也有的孩子直到上國小發音還是不行。不過就算再慢，國小二年級的時候發音應該要完全清晰了。

男孩語言的發展大多比女孩慢，特別是對其他活動有強烈興趣的小男孩往往有更慢的傾向，只要等他成長，這個情況就會改善。

發音錯誤或異常的情形，多半是發音能力發展的順序混亂之故。

由於語言很重要，如果觀察發現問題眞的很多，就要找專家診斷。觀察時，可以讓他看畫本，驅使他說說各種字彙，再記錄下來；或是請和小孩不熟的外人聽他說話，了解外人能聽懂的程度；也要確認孩子是否有重聽，因爲重聽使語言發展遲緩的比例比想像中多。

如果沒有嚴重的問題，一般注意以下幾點即可：

常常和孩子說話

小孩語言能力發展較慢的原因之一，是家人不常說話。小孩既沒有刺激，也缺乏好的示範，語言能力就難以成長。**語言能力的訓練是從耳朵開始，所以用正確的發音和他說話是很重要的。**

快樂而自然地交談

和發音不清楚、又說得慢的小孩說話眞的需要耐性，但絕不能有討厭的表情，要一直很高興地聽他講，而且要像很想與他說話似地「好有趣喲，再說一點」。活動舌頭的「舌頭體操」也是一個方法。此外，與小孩說話中，不能讓他被其他事物所吸引。

但是也別太在意說話，否則會造成小孩的緊張，產生反效果。自然在生活中發展孩子的語言能力最好。

♥♥♥♥♥♥♥♥

說話快，常為了急著表達

♥♥♥♥♥♥♥♥

三到四歲的小孩到處玩耍後，一有新的發現或遇到特別的東西，什麼都會想和媽媽說，但所要表達的話經常跟不上自己的腦袋。

「那個、媽媽、那個」氣還喘不過來就想說話，是這個年齡的特徵。因此，有點口吃或急促的情形大多不用擔心，只要具備了正確發音的能力，五、六歲生活步調漸漸穩定下來後，通常就會改過來。

給他徐徐說話的機會

白天遊戲空檔的說話，常常是匆匆忙忙，難免會說得又急又快；晚餐後，在悠閒的氣氛下，說話的節奏就會變慢。所以吃完點心後、晚餐後、就寢前，親子間不妨悠悠哉哉地說說話吧。

如果大人很忙、小孩想說話的時候，大人難免催促他快點說，或覺得很吵而想要逃開，這樣都會讓小孩語言發育變慢。

可能因爲吃醋

媽媽只照顧小嬰兒，大的孩子就會嫉妒、想要引起媽媽的注意，講話變得非常快。這種反常表現是要大人聽自己說話、關心自己，是無意識下的技巧，而且可能還會引發許多問題。

總之，不要覺得煩，熱心地聽他說話。

有時候是語言障礙的毛病

有時候爲了掩飾障礙，孩子會變成快嘴的，例如腦性麻痺、唇顎裂、發音異常、口吃、重聽等原因，因爲有某個音發不出來，於是快快講過去，讓那個音模糊不清。

這個時候若要求小孩一個字一個字發音，就會發現。確定之後，務必早點接受專家的指導，不可置之不理。

愛講話，語言發展好

三到四歲是語言能力發展非常快速的年齡，對他們而言，說話是很新鮮又有魅力的行爲，對說話樂在其中，會自然而然說出口，就算跟他說「不要講話」，也不太能停下來。小孩因爲連休息時間都沒有地熱烈練習，才讓語言能力大爲進步。如果強硬要求小孩不說話，將會奪去他說話的樂趣，壓抑其之自然發育。

此時小孩會全部使用自己新記下的字彙，非常有試驗精神，勇敢地把知道的字彙用出來，也常常會有意思不明的「新造詞」出現；另一方面，小孩同時在思考自己說的話，並自我批評，希望能說出全部的人都能共通的語言。

所以，**積極地創造說話的機會是很重要的**。

進行正確的語言刺激

三到四歲小孩很喜歡新的字彙，非常注意傾聽，會試著模仿大人——不只是語言，姿勢、動作也會仔細觀察。

這個時期，經常與他說話、念書給他聽，給他充分的語言刺激，特別重要的是習慣形容詞、副詞、連接詞的使用，和疑問句等。

如果用「來，聽我說」這種較爲刻意的方式糾正小孩，他比較容易害羞，不如大人一邊工作，一邊趁機教小孩——當小孩用的詞句很奇怪的時候，就把正確的和錯誤的說法一起並陳，讓小孩注意到，很快他就會改正過來。

爸爸回家先和小孩說話

爸爸下班回家後，就算時間很短也無妨，優先和小孩說說話。有的爸爸回來只和媽媽說話，小孩由於沒得說，就會插嘴（有些父母可能會說「煩死了」），或者大聲吵鬧。其實你和他輕聲說話，小孩聲音自會慢慢變小。

滿嘴大人口吻，小心發展失衡

語言能力發展得快，本身絕不是壞事，可是有不少小孩對說話特別注意，造成其他方面發展的困擾。小孩的發展必須多方面而平衡，包括語言、思考、人際關係、運動等等。

幼兒也需要一個人的時間

觀察小孩一天的生活，如果發現他和大人說話的時間很長，其他活動的時間沒有或很少時，例如與朋友一起玩的時間、一個人做東西的時間、處理身邊瑣事的時間等，那可能就有問題了。

首先，大人減少陪伴他，製造小孩一個人的時間，剛開始他會覺得無聊，慢慢的就會注意到自己一個人能做什麼、及和朋友玩的事情。更徹底的話，可以連爺爺、奶奶也一起加入、少去陪他。

影響同儕關係

假如小孩總是和大人在一起，他所用的語言就是大人的樣子，大多無法在同齡朋友中通用，例如骯髒說成「不潔」、偷懶說成「努力不足」等。或者有些小孩常常和老人做朋友，進入幼稚園之後不能與其小朋友溝通，因而可能被排斥。

若眞是這樣，小孩將難以進入同年齡層的社會，學不到同年齡的知識，變成奇怪的小孩，那就不只是語言的問題而已。

肇因大人過分誇讚

小孩說話用大人的話題、大人的口氣，家人常常會得意地說：「我們家的小孩很會說話，這麼小就能像一個大人地和我們說話。」小孩自己也會跟著得意洋洋，可是漸漸的讓大人驚訝的是，孩子竟然眞的成天講不停或一副大人的口吻。大人得意的種子有時候卻是小孩語言學習的毒藥！

請注意，**孩子不論多會說話、說出多早熟的詞彙，都不代表智力整體的發展比別人好。**

♥♥♥♥♥♥♥♥

在外面不會說，是社會適應的問題

♥♥♥♥♥♥♥♥

在家裡很會說話，在外頭或外人面前就三緘其口，一般人往往認爲是語言問題，其實是社會性的問題。

因爲不習慣和外人相處，所以孩子會緊張、覺得受壓迫、害羞，無法顯現平常的實力。大人多少也會出現這類情形，例如在親友面前可以很輕鬆地談話，但要在很多人面前發表意見時，就會怯場了。小孩子遇到這種場合，不會像大人會想到要撐著、保全顏面，因此不少只待在家裡、不習慣到外面的小孩，就變得遲緩、僵硬。總之，先要解決習慣不熟的人、新的場合的問題。

增加對外人說話的機會

在家人間即使詞不達意，但因爲習慣了，所以意思也能溝通，可是碰到不熟的人就行不通了。

特別是在家裡很受寵愛的小孩，他就算不說話，大人也能察覺他的意思。這樣的小孩非帶他去外面看看不可。

創造家裡以外、家人以外的說話機會，盡可能讓小孩不只是和家人相處，帶他到附近商店買個東西、去親戚家住、拜訪朋友等。假如小孩很膽小，不能一下子到很多人的場合，就先從一對一的模式開始說話。

使小孩的朋友關係更爲活潑

很多小孩由於懦弱、畏縮、膽小等，遂不和小朋友到戶外去玩，可是老與大人相處是無法培養野性的活力。這一點請參考第32頁「社會性開始萌芽」。

小孩子還是要習慣和家人以外的人講話，甚至面對冷淡的談話對象也要傳達出自己的意思，學會與大家互通的說話技巧。

說髒話，新鮮好玩成分高

這個年紀的小孩學會的字彙還不夠日常會話使用，而且學習慾強烈，所以對他們而言，在家中所能聽到的字彙已經沒有新鮮魅力了。

於是一旦在外面學到了奇怪的新字彙，就會想快一點用用看。但是小孩並不知道這個字彙的社會評價是什麼，因而就算大人爲此責罵他，也無法改變他。尤其是現在的小孩容易受到大衆傳播媒體所創造的流行語誘惑，這種新的語言弊害更是難以防止。

當然小孩如果學會語言社會評價的標準，那種字眼自然就會消失。

大人越大驚小怪，孩子越上口

小孩子說了髒話，身邊的大人爲之愕然，馬上就想阻止。沒想到小孩竟因引起大人那麼大的反應而很高興，更喜歡用這樣的字彙。

所以，大人的吃驚表情只能適可而止。「因爲媽媽都不用這樣的字，所以聽不懂，正確的應該這樣說……。」最初可以先表示注意，後來就要裝出不在意的樣子。

說了幾次髒話，假如大家都沒反應的話，小孩就會覺得沒勁而停止。

爸媽不要怕髒話

「出去就會學壞」，把責任推到朋友身上，是大人常有的壞毛病。

只要在家中長期使用好的語言，從朋友學來的流行語，其實只是一時的興頭而已，不能爲了這個原因限制他和朋友玩，或嚴格挑選他的朋友。這個階段朋友比語言重要得多，而且若不和小朋友使用相同的語言，就不能同等的相處，對人際關係有負面影響。

口吃，眞假常混淆

一到四歲之間是語言能力發展最快的時期，但在吸收字彙的同時，卻無法好好使用這些字彙，經常才一學會，就會急急忙忙、草草把它們說出口。特別是在字彙還很少卻很想講話的年紀，不僅會說話快，大人也會覺得孩子有點口吃（其中有的小孩由於常常會緊張而結結巴巴或說不出話），所以就被認爲是口吃。

在小孩剛開始說話的階段斷然認定他是口吃是危險的。如果這時身邊的大人驚慌失措，將使小孩自己更加意識到自己的「口吃」，以致情況惡化——口吃時愈會緊張，緊張又讓口吃更加嚴重，變成一種惡性循環。

找出眞正的原因

孩子口吃的原因很多，例如要他說不是他這個年紀應有的語彙、催促他講快一點、與讓他緊張的人說話、感情激動、對方在意他的口吃、常常申斥或禁止他說話等等都有可能。

大人首先要抓到問題點，才有望改善孩子的結巴。

輕鬆的場合多讓他開口

小孩子在與好朋友或小狗講話、唱歌的時候、一個人說話的時候，心情一定很輕鬆，應該是不太會口吃的。若是這樣的話，小孩的口吃還不一定是口吃。

那麼盡可能選擇讓他輕鬆的場合說話，容易緊張的時候就不要勉強他講話。家人的態度、生活的節奏最好也悠閒一點。

別把焦點集中在說話上

小孩萬一注意到自己說話異常，就會更惡化，所以不要非常在意他的口吃，也避免輕易帶小孩看矯正醫生。只要父母都有穩定的情緒，漸進地努力即可；生活圓滿、順利、快樂，就算進步很慢，也一定會好轉。

♥♥♥♥♥♥♥♥

自然而然學習外語

♥♥♥♥♥♥♥♥

不論是母語或外語，只要是語言，最理想的學習方式就是沒有意識到是在學習，而在生活中自然學會。果然能如此，早一點學外語就比較沒有抗拒感。

讓幼兒學外語，請注意下面幾點：

耳朵習慣是重點

教小孩子單字、文法是沒有意義的，這樣的學習方法對記憶力強的小學高年級、國中、高中比較有效率。

在幼兒期重要的是讓耳朵接受好的發音訓練，打下正確的聽力及發音的基礎，這好比早期接受音感教育的目的。

小孩學外語，重點是在發音或會話上，因此媽媽儘管對自己的外語能力有信心，但如果發音不好，還是不要自己教小孩（可以借助坊間衆多的幼兒美語學習錄音帶或ＣＤ），因爲一旦養成奇怪的發音，日後很難改掉。

學外語最好與生活結合

從小在法國長大和一個大學才學法語的人，在法國與計程車司機吵架，前者能隨著法國人的表情或腔調而對應，但專攻法語的人卻需要說明後才能了解。從這個例子可以得知，幼兒期透過生活學外語，效果非常大。換句話說，若能交上幾個外國朋友最好，或者在幼兒期被帶到外國居住的小孩，外語會話能力也會非常出色。

不要讓孩子被學習束縛

如果你的小孩較同年齡的小孩發育快，而且精力過剩的話，可以學外語；但如果發育遲緩，該年齡應學會的生活習慣還不會，就讓他去補習外語，則是本末倒置的危險行爲。

現代爲人父母者必須明白，不只是外語，學習任何才藝，都會使小孩缺少部分遊戲的時間，或多或少影響全人教育的成長。

第5章

運動與安全，重要能力，並行不悖

開發孩子的運動機能

三、四歲以後的小孩已經需要學習保護自己安全的能力，幸運的是這個時期運動機能正在蓬勃發展，所以不要錯過機會，好好地指導他。因此什麼年齡能做什麼程度的運動，有大致的標準。

全身運動機能起步走

到了三歲，已經可以雙腳交互使用，上下樓梯也不成問題，走到路的盡頭知道停止、跑步不會跌倒，也可從三十公分高的地方跳下來，很會坐三輪車——能夠一個人踩著踏板、來回地繞圈。

單腳站立，兩歲時完全不會，三歲時會一點點。如果要訓練小孩的平衡感，可以讓他練習，但若是想給小孩練習走平衡木，通常是還不會走。

到了四歲，走路的方法大致和大人一樣，全身運動機能很完備，滾來滾去、盪鞦韆，把水送過來也不會打翻，漸漸能兩腳輕輕跳、大步跳、單腳跳等，就算是在平衡木上、兩腳交互向前慢慢走，也可以保持平衡。

手的靈巧度更上一層樓

三歲剛開始拿筷子雖然是用握的，經過指導以後，孩子也慢慢能夠用筷子吃飯了；會簡單的摺紙，用三個積木造橋或疊成塔；大人常常要小孩用蠟筆畫水平的線或垂直的線，雖然他畫不好，但卻可以畫得有模有樣，所以有時候就自由讓他練習吧。

四歲的幼兒看著畫本，能畫出三角形或圓形；會自己扣鈕釦，穿脫褲子；玩積木能好好堆上去，不會中途推倒。因此，不論速度或正確度，四歲都是快速成長的時期，可讓他多做訓練手指靈活的遊戲。

父母需知身體部位發育順序

身體運動機能快速成長的時期是在三到四歲，為了使孩子學會基礎動作，適度的練習是有必要的，故父母必須知道身體各部位發育的順序，結合來作訓練——幼兒運動機能發展的順序是自身體上方往下方，從身體的中心朝末端發展。

因為是由身體的上方發展到下方，所以手會比腳早一點靈活，即當手已經很靈巧、可以做很多事情時，腳卻還不太能用。至於從中心向末端發育的部分，例如活動大肌肉的手腕先發育，然後才是手、手指，因此拿筷子最初一定是用握的，需要一點時間練習之後才能用到手指，故一開始就嚴格要求拿筷子的方式是不必要的。

腳的運動，三歲的小孩雖然會走、會跑，但要連腳趾都能使用，則要到四歲以後才有可能。

以遊戲的型態訓練

這個時期最好能進行基本運動機能的訓練，但不是指要在指定場所、時間好好訓練，而是應興之所至，以有趣、歡樂、遊戲的方式進行。譬如進出浴盆時，就可以教他入浴盆和洗澡的方法，又如做扭緊毛巾、擦身體的步驟給他看，然後讓他做一次。

有的小孩會想要一個人待在浴盆裡，那就讓他一個人，即使掉進浴盆裡也沒關係，因為媽媽就在旁邊，不妨放膽讓小孩子試一次吧。小孩子本身也會記住這次經驗，下次媽媽不在身邊的時候，就會特別小心不讓自己掉進去。

另外，可以試著讓他幫忙拿東西或爬較矮的樹，當然會弄翻、掉下來，甚至擦破了手腳，也不要放棄，繼續訓練以使小孩更強壯。因此，媽媽要留心小孩、多鼓勵他，不要責難小孩的失敗。

同樣的，在幼稚園、托兒所裡有老師在場的時候，小孩子難免也會掉下來或打翻東西，父母不要驚慌——**驚慌是不能培養小孩的靈巧和耐性的。**

也要注意安全

運動訓練是爲了培養小孩的自主性、積極性、意念、幹勁、機靈、注意力、做事有要領等，也牽涉到自我安全保護的教育，及和朋友的遊玩、生活習慣的自律——這些若沒有發達的運動機能是無法達成的。

讓孩子適度感受危險的經驗

小孩漸漸長大，活動範圍變廣，就算都在媽媽可以看到的範圍，受傷、燙傷、水的相關意外或從高處掉下來等，各種想不到的事件還是會發生。這往往會讓媽媽很不安，故最好要讓小孩有智慧判斷周圍的環境，使小孩熟知之後，就不必一直擔心了。

首先，預防燙傷必須要有一些不太嚴重的經驗，例如在兩歲左右可以讓他體驗稍熱的東西，嘗一點苦頭。否則像火爐這樣的東西，如果沒有類似經驗，是很難理解的。

口頭警告，孩子沒什麼感覺

又例如小孩喜歡在牆角或到桌子底下玩，大人最好做一次，讓他看看嚴重性，要不然光只是說「危險」，小孩無法知道到底是什麼危險。

刀、針之類的物品，給他用手去碰或刺一下，讓他知道痛。但在這時候，父母並不是故意使壞，而要親切地教導他，最好要一步一步告訴他，接下來會發生什麼事。

不斷以恐怖訴求說危險、可怕，小孩反而會有莫名恐懼感，不知該如何是好。

小孩一向喜歡狹小、高、有水的地方，大人愈不注意的地方，也愈吸引他們的好奇心，所以平常媽媽在他身邊時，就要多多滿足他的好奇。同時也要教他「如果這樣做，就會有危險」，並盡可能給他親身體驗。如疊好幾個箱子，叫小孩站在上面——這樣他就發現兩個箱子還好，但三個以上就可怕又危險；又如爬樹，讓他明白再往上去就不可以，池塘再往前，就會掉進去。若有訴諸感覺與運動神經，也具體地教導他。

小孩不注意所發生的意外，常常是第一次的經驗。假如平常多體驗、多訓練，意外就會減少。因此，幫助小孩體驗各種狀況，使他獨自一人時也能注意安全，產生經驗，較能好好預防。

♥♥♥♥♥♥♥♥

預防車禍

♥♥♥♥♥♥♥♥

兩歲左右的小孩還不宜離開大人的視線；到了三歲，小孩的注意力不斷地成長，加上運動機能也在發展，所以應該要慢慢地讓小孩分擔一點責任。

這不是只教他車禍、車子很可怕，或禁止他外出的消極對策，而是轉爲積極的對策——告訴他「……這樣就安全了」，給他安全感，學會遇到狀況時的冷靜處理態度。換言之，假如父母只考慮眼前的安全，除了禁止外出之外，將別無他法。

積極的對策，不只要使孩子有正確的知識和安全感之外，還必須用心養成他敏捷的運動機能，這樣才隨時隨地都能運用。

練習一個人穿越馬路

從現在起，過馬路時，媽媽不要牽著手，給孩子一個人爲自己負責地走過去——要他自己先看清楚左右，再自己走過去。開始練習的時候，媽媽要跟在小孩後面，而且必須注意路況。

如果熟練之後，接下來媽媽可以不一起過馬路，由小孩完全一個人自己過去。就算媽媽不放心地跟在後面，也要在小孩視線看不到的程度。

分散注意力的訓練也需要

然後媽媽先過馬路，在對面等著，讓小孩一個人走來媽媽這邊。小孩要看媽媽、又要看車子，注意力難免會分散；平常如果有這樣的訓練，以後就算朋友叫他，或有人在後面追，也不太會發生車禍。

反覆練習，累積實際的經驗，是很有效果的訓練。三到四歲的小孩只在口頭上要他小心，是沒有效果的。

喜歡模仿、冒險，不懂危險

常聽到媽媽說：「他一個人的時候會很用心，但只要和年長的小孩在一起，因爲以爲只要跟著他做就可以了，就會變得冒冒失失。」年紀小的小孩喜歡模仿無可厚非，而與年長小孩的運動神經相比，他當然會比較遲緩。所以年長的小孩安全無虞，對年幼的小孩卻是危險的狀況比比皆是，如沒辦法爬上去的高處，或跳不過的水溝，吊單槓、爬樹等等，而且當事人常常不會注意到。

吊單槓是能不能吊上去的問題，不能模仿；爬樹也很難模仿——這與小孩運動神經發育的階段不同相關。

實際上，年幼的小孩即使只能模仿到一半，就已經很滿足了。例如只會跳十公分，或只是拉住單槓，他也會覺得自己會了很多才藝。

把握基礎訓練的機會

小孩在模仿年長小朋友的同時，會試著使用至今不太使用過的肌肉，變成是肌肉的基礎訓練。這些也不一定就是危險的遊戲，譬如投球、爬坡、跳下等，安全的也很多，這樣就可以建議他玩。

另外，**與其警告他危險，倒不如在覺得有趣的氣氛中，教他怎樣是安全**——這才是聰明的引導方法。

假如小孩不滿不能做年長的小孩能做的事，在他死纏活纏的時候，可以「長大之後再自己做」來拒絕——教他長大什麼都能樂在其中，是一個好的法子；用這樣來要求小孩回家，也可以讓年長的小孩比較不困擾。

或者是讓他多多和同年齡的小孩交往，或想一些小孩之間能玩得很好、又簡單的遊戲，以此來滿足他。

笨手笨脚不是問題

有一些父母認為自己也是笨手笨腳，或小孩身體弱，就不訓練小孩的靈巧性。

運動機能是運動神經發育的基礎，其中雖然也有遺傳因素，但不是阻礙發育的唯一原因，否則的話，其他兄弟姊妹就應該都是笨手笨腳，但事實卻常常不是如此。

小孩身體虛弱，會損及運動機能的發育，但從媽媽到身邊其他的人都覺得「這是一個體弱多病的小孩，所以不要為難他」，這種心態才是讓小孩運動機能差的主因。

舉例來說，在好動的兩歲時期，虛弱的小孩冬天不想動，長時間窩在被窩裡，穿著很難活動的厚衣服，只要出去遊玩，馬上被叫回來。缺乏訓練運動機能的機會，長期下來積少成多，小孩這方面的發育當然遲緩。

嚴重的是，不僅運動機能，孩子的個性也會變得消極、成爲慢郎中，無論什麼事都欠缺積極的態度，如此一來，運動機能更加遲緩。這種惡性循環的結果，小孩變得畏畏縮縮。所以跟著下面的順序，訓練小孩吧：

父母的心情先要改變

首先，如果是醫生禁止那就另當別論，除此之外，不可以對小孩說「因爲你身體虛弱，所以不行」等等之類的話，同時不要有擔心、不安的表情。父母心情的改變是教育的重點，也是小孩活動的原動力。

其次，鼓勵小孩使用大肌肉的戶外運動，如跑步、投球、跳躍。大肌肉無法發育，細微的運動機能也不能發展。

最後，給他沙包、彈珠、黏土、積木，從有趣的遊戲中，訓練手部的基礎運動。

慢吞吞，幼兒多這樣

小孩到了三、四歲，開始學會許多事，可是效率不好。要求這個時期的小孩動作敏捷，實在是有一點苛求。

一旦和大人相比，當然覺得小孩不夠敏捷，也就認定小孩是慢郎中，例如幼兒能記住其他事情，但對時間還沒有感覺，所以著急、催促，都算操之太早。雖然媽媽知道什麼是必須快一點、什麼能有效率一點，孩子卻常常是毫無感覺，即使再怎麼催促，也沒有效果。

教育的重點與其重視速度，還不如讓小孩感受到興趣與快樂，並累積愉悅的經驗。

因爲儘管大人覺得小孩是「慢郎中」，是一件嚴重的事，但對小孩來說則是不太重要的，因此請把狀況想清楚。

遊戲中加快速度

小孩子在和小朋友玩的時候，跟著朋友或模仿他，自然而然速度就會加快，如互相追跑、躲貓貓、身體互疊等，不知不覺中訓練了運動機能。

像這樣在遊戲中的訓練法，是最有效的。如果想要進一步改掉小孩慢吞吞的習慣，媽媽最好一起加入遊戲。

讓小孩反覆和同年齡的小孩玩投球、跳遠、跑步等會使用到大肌肉的運動，但請注意不要勉強他玩，而是要使他覺得有趣地玩。重複做幾次事情時，如果有想做的意願，就會集中全身的力氣，這樣自然會「快一點」。

吵吵鬧鬧坐不住，遊戲來轉移

一般小孩都會有這樣的困擾，特別是下雨天、生病、乘車途中這些非等不可的時候，小孩偏偏坐不住。小孩吵鬧，是運動感覺的一種訓練，也是爲將來積極態度或幹勁做準備；如果這個年紀一直坐著，或安靜眺望外面的風景，就可能要想到是不是小孩身體差或能力低下。

了解這種發展狀況之後，就可以注意能量爆發的轉換運用，首先媽媽一定要把小孩的吵鬧當作有趣。小孩的吵鬧從外人看來只是「吵死了或停下來吧」，實際上是很難停止的，**這時媽媽可以加入其中，和他玩下列兩種遊戲：**

◎手指遊戲

例如用黏土捏一個饅頭，或用粉筆在大黑板上亂畫，或將小紙片貼在大箱子上，讓小孩專心使用他的手指。腳也可以採用相同的方式。如果小孩沒有興趣，大人也可以幫助他，滿足小孩的活動慾，但是要留心遊戲中的重點。

◎邊看邊聽

這個方法是讓小孩說說話、念念書、聽音樂，讓小孩被動成爲遊戲的接受者。假如是看書或聽唱片，媽媽非在旁邊不可；假如是看電視，媽媽不一定要在身邊，就可以節省一點時間。此一方法又可加上和他對話。

無論如何，媽媽要稍微離開小孩享受一下安靜，常常是不可能的，倒不如覺悟地把小孩當作談話對象。小孩得到滿足，媽媽自己也能樂在遊戲中。

節奏感毋需刻意培養

節奏感不是什麼困難的事，也不是遺傳之類的東西。除非有特別的障礙，不然只要有簡單的練習，就能學會。

收音機或電視裡的音樂並不是單純的節奏，所以不能只因爲小孩跟不上收音機或電視的音樂，就說他沒有節奏感。當小孩跟得上收音機或電視的節奏時，就會隨之跳起舞來，如果節奏感的發育程度未到，小孩是無法做到的。

反覆利用響板或鈴鼓等簡單節奏的樂器，開始讓他跟著拍子練習。使孩子喜歡是訣竅，即是讓小孩發生興趣（媽媽也可以一起加入）。

三歲時沒有必要學複雜的節奏。因爲進入幼稚園以後，在團體節奏的遊戲中自然就有這方面成長的機會。

與運動能力同步發展

節奏是音樂教育的基礎，但在幼兒的發展情況，不能單單考慮音樂教育的問題，必須和其全身運動結合，包括拍手、踏腳或擺動等身體動作。總之，綜合性運動能力若出現某種程度上的不足，節奏感也無法表現得好——因爲小孩心中雖然有節奏感想要動，但是身體卻不能聽從指揮。

不論是教導或訓練，都不要採行嚴謹的方法，應該從容易表現的開始，最好是讓小孩多聽一點節奏分明的音樂，快樂、自然的心情也非常重要。

♥♥♥♥♥♥♥♥

左撇子不是異常

♥♥♥♥♥♥♥♥

過去曾認爲左撇子是殘障或疾病，現在雖然已不至於如此，但由於社會的習慣一般是使用右手，所以還是有勉強小孩改過來的傾向。如果採用強制或責罵，會讓小孩口吃或陷入不安中。

在美國，左撇子不但不是殘疾，而且是個性的一種表現，因此不需要矯正。此外，因爲用右手的人多，就必須用右手，並沒有理論上的根據。

實際上，用左手的本人是不覺得有什麼不方便，投球、畫畫等都可以很自然運作。但是在寫字的時候，右手寫多多少少比較好，因用左手寫的強度比較不夠、筆畫比較不順，用右手寫多少是比較好的。故可以只有寫字的時候用右手。

就算你要求小孩用右手，也要顧及他自己的判斷和意志，必須是沒有勉強的練習，絕對不能挑剔似地禁止他用左手，或要他把左手放進口袋，譬如在畫蠟筆的時候，你可以說「兩隻手比較快」，讓小孩很高興在使用左手的同時也用上右手。

注意，不能使孩子因而有罪惡感或劣等感。父母可以讓他知道左撇子的人也很多。

媽媽自己不要小孩用左手就唉聲嘆氣，也沒必要爲小孩是左撇子而自卑。事實上，兩手都能使用，之所以沒有右撇子，只是社會價值觀使然。媽媽倘若心中覺得困擾，嘴巴說說是不具說服力的。媽媽一定要把左撇子不是異常的信念銘記於心，才能愉快地教育孩子成人。

•文經家庭文庫•

怎樣吃出美麗與健康

顏加秀／著

怎樣才能使身體越來越健康、肌膚越來越美麗？

是不是試過了許多方法，也用了各種化妝品，但效果卻有限？有沒有想過皮膚不好，可能是身體那個部分出現了問題？

想要擁有美麗與健康，其實不難，基本上要營養均衡、適當運動、充足睡眠，就會有很好的效果。本書先分析你的皮膚類型，再針對不同膚質提供最具實效的改善及保養皮膚的食譜。每道食譜都兼顧營養好、口感好、多樣化的特點，妳可以輕鬆、自然地達成美麗又健康的願望。

■定價 160 元

國家圖書館出版品預行編目資料

怎樣教好3～4歲孩子／品川不二郎，品川孝子合著；
黃惠如翻譯・－－第一版．－－臺北市：文經社
1998〔民87〕面；　公分．－－
（文經親子文庫；D10002）
ISBN 957-663-218-8（平裝）

1.育兒
428　　　　　　　　　　　　87014577

文經社

文經親子文庫 D10002

怎樣教好3～4歲孩子

著 作 人—品川不二郎・品川孝子
責任編輯—康敏鋒
翻　　譯—黃惠如
校　　對—高毅堅
封面設計—張泰瑞

發 行 人—趙元美
社　　長—吳榮斌
總 編 輯—王芬男
企劃主編—康敏鋒
美術設計—莊閔淇
出 版 者—文經出版社有限公司
登 記 證—新聞局局版台業字第2424號
＜總社・編輯部＞（文經大樓）：
地　　址—台北市 104 建國北路二段66號11樓之一
電　　話—（02）2517-6688（代表號）
傳　　真—（02）2515-3368
＜業務部＞：
地　　址—台北縣 241 三重市光復路一段61巷27號11樓A
電　　話—（02）2278-3158・2278-2563
傳　　真—（02）2278-3168
郵撥帳號—05088806文經出版社有限公司
印 刷 所—松霖彩色印刷事業有限公司
法律顧問—鄭玉燦律師　（02）2369-8561
發 行 日—1998 年 12 月第一版 第 1 刷

定價／新台幣 150 元　　Printed in Taiwan

文經社

文經社

文經社

文經社